猜猜

蛋里住着谁

致纳森

图书在版编目(CIP)数据

猜猜蛋里住着谁 / 〔美〕米娅·波萨达著绘;张衡译. 一武汉:长江少年儿童出版社,2020.6
书名原文: guess what is growing inside this egg
ISBN 978-7-5721-0366-7

Ⅰ. ①猜… Ⅱ. ①米… ②张… Ⅲ. ①卵生-儿童读物 Ⅳ. ①Q954.4-49

中国版本图书馆CIP数据核字(2020)第053166号

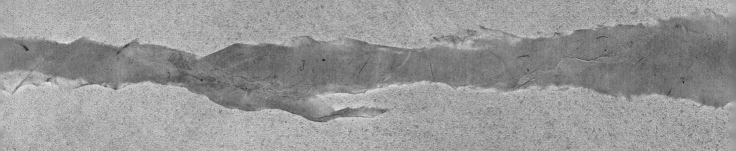

猜猜蛋里住着谁

〔美〕米娅·波萨达 / 著绘 张 衡 / 译
出品人 / 刘 霄 策划总监 / 吕心星
策划编辑 / 周 杰 责任编辑 / 周 杰
设计总监 / 王 中 装帧设计 / 陈经华
出版发行 / 长江少年儿童出版社
策划出品 / 心喜阅信息咨询(深圳)有限公司
经销 / 全国新华书店
印刷 / 当纳利(广东)印务有限公司
开本 / 889×1194 1/16 2.5印张
版次 / 2020 年 6 月第 1 版 2024 年 6 月第 5 次印刷
书号 / ISBN 978-7-5721-0366-7
定价 / 49.00 元

Guess what is growing inside this egg

咨询热线 / 0755-82705599   销售热线 / 027-87396822   http://www.lovereadingbooks.com

猜猜

〔美〕米娅·波萨达/著绘　张　蘅/译

蛋里住着谁

长江出版传媒　长江少年儿童出版社

一颗蛋舒舒坦坦地落在爸爸的两只脚上。
爸爸用体温暖着它。

爸爸腹部厚实的羽毛遮挡着外面的冰天雪地，
真是又舒服、又暖和、又安全。

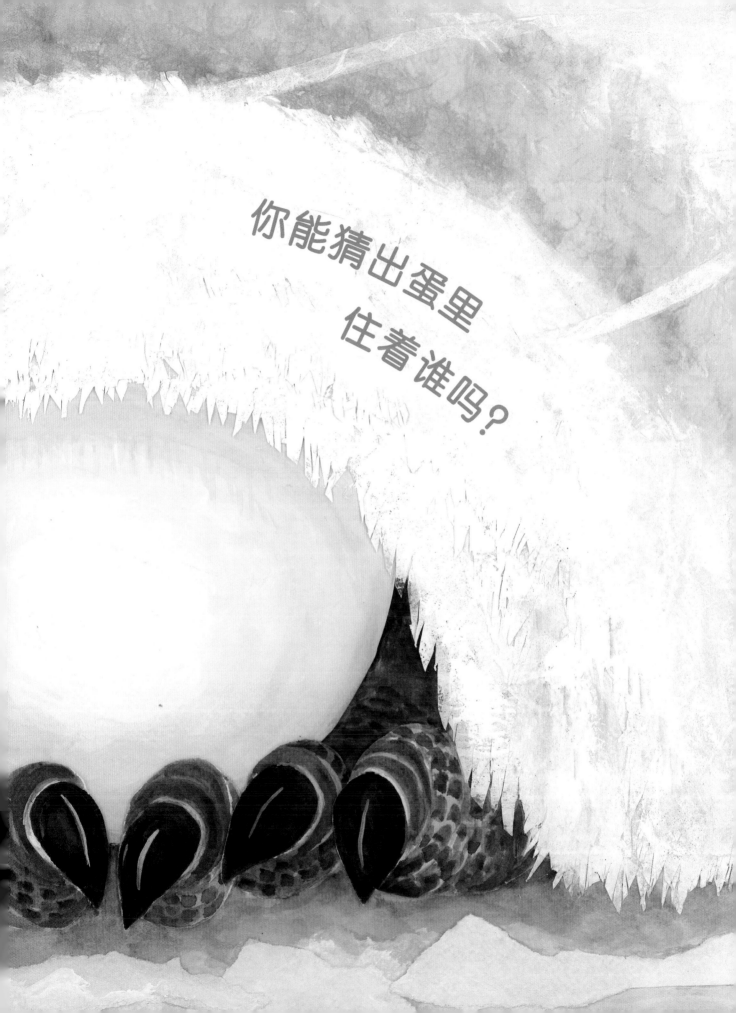

你能猜出蛋里
住着谁吗？

原来是

一只企鹅！

企鹅宝宝生活在地球上最寒冷、
风力最强的南极大陆。
小企鹅破壳而出时,
妈妈从大海返回家中,照顾宝贝。
这时爸爸该外出寻找食物了。
为了守护企鹅蛋,它已经两个月没吃没喝!
企鹅妈妈和企鹅爸爸
轮流将小企鹅放在自己的两只脚上为它取暖,
轮流出海捕鱼、捉乌贼喂给它吃。
等到长出具备防水功能的羽毛,
小企鹅就可以自己游泳、捕食了。

你能猜出蛋里住着谁吗？

泥土和树枝筑成的土堆为这些蛋提供了一个安全的巢穴。
沼泽地带的猎食者们，躲远点儿吧！
要是被尖齿獠牙的妈妈发现，你就得挨揍啦！

原来是短吻鳄！

短吻鳄能长到 3 米多长。

它们绝大多数时间会待在沼泽的积水中，

不是浮在水面，就是像一艘潜艇潜在水下。

它们摆动长长的大尾巴，推动身体在水域中穿行。

它们掠食鸟、海龟、蛇和鱼。

短吻鳄不会咀嚼食物。

它们用强壮的颌咬住猎物，然后整个儿吞下去。

湖边有一片高高的芦苇荡。

谁能想到，一位妈妈蹲在这儿，胸口下还藏着一窝蛋！

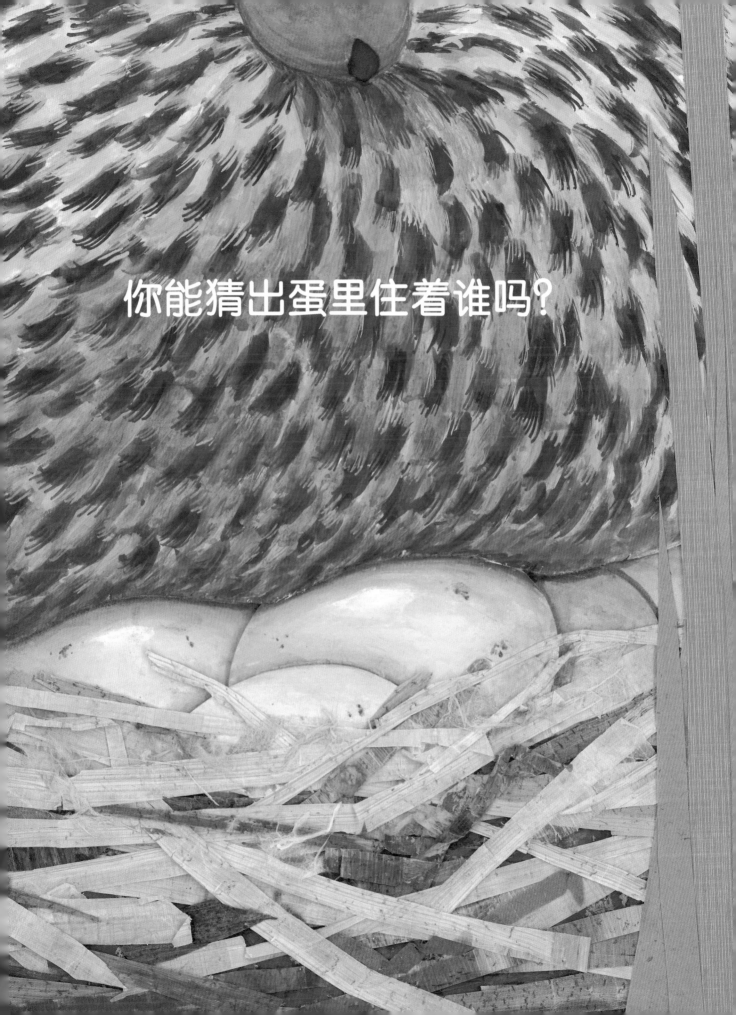

你能猜出蛋里住着谁吗？

原来是小鸭子！

小鸭子的羽毛一变干，就能跟在妈妈身后下湖了。

兄弟姐妹们排成一排，一个接着一个。

小鸭子用不着上游泳课——它们是天生的游泳健将！

它们划动脚蹼，在水中穿梭，

很快就学会了吃蠕虫、水生植物和贴在水面下的昆虫。

妈妈从大海爬回陆地，把软乎乎的卵埋在沙穴里。

你能猜出蛋里
住着谁吗？

原来是海龟！

小海龟从沙穴孵化后，
便用鳍将自己从海滩表面的沙土中顶出来。
它们在夜晚离开沙穴，
自个儿寻找去往水域的路。
这是一场惊险之旅，
稍有不慎就会沦为螃蟹或海鸟的美餐。
一旦小海龟安全抵达大海，它们会游向深海区，
以小型海洋生物——浮游生物为食。
小海龟渐渐长大，
开始吃块头更大的食物，
比如水母和水草。
雌海龟成年后将返回海滩产卵。

圆乎乎的卵袋里挤满了小小的卵。

这个丝囊可是妈妈用八条长腿纺出来的哟！

你能猜出蛋里
住着谁吗？

原来是蜘蛛！

成百上千只小蜘蛛从卵袋中孵化。

它们扯开卵袋，爬到外面的世界。

小蜘蛛和妈妈一样，

也有八条腿、八只眼睛，但视力并不太好。

每只小蜘蛛都必须找到自己的新家。

它们从身体里拉出丝线，投向空中，乘风而行。

风捎着小蜘蛛，落到一块新的地盘。

小蜘蛛将在这里织网定居。

这个过程叫做"垂丝"。

蜘蛛就用它的网来捕虫吃。

你能猜出蛋里
住着谁吗?

在海浪深处布满礁石的洞穴里,
妈妈用长长的"胳膊"裹住一个个卵,
确保它们平安无事。

原来是章鱼！

我们可以看到卵里的小章鱼！

这些刚孵化的小章鱼虽然只有米粒大小，但已经会照顾自己了。

它们浮在水中，以浮游生物为食。

等它们再大一点儿，就能用八只"触腕"去捕捉螃蟹、鱼和蚶。

章鱼能将身体的颜色变换成周围沙土或岩石的颜色，以躲避掠食者。

小章鱼生长得很快，大约一两年的时间就发育完全了。

蛋的实际大小

企鹅

章鱼

海龟

鸭

蜘蛛

短吻鳄

鸭蛋

小鸭子在蛋里生长发育，直到孵化，
需要 26~28 天。

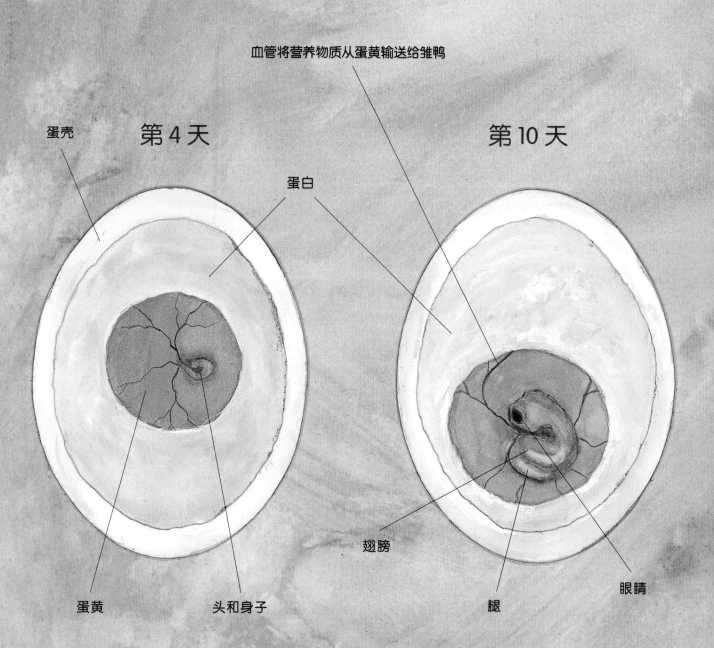

血管将营养物质从蛋黄输送给雏鸭

蛋壳　　　　　第 4 天　　　　　　　　　　第 10 天

蛋白

翅膀

蛋黄　　　　　头和身子　　　　　　腿　　　眼睛

书中其他动物的孵化期

企鹅：2 个月

鳄鱼：2 个月

海龟：1.5 到 3 个月

蜘蛛：大约 3 个月（从秋到春）

章鱼：1 个月到 1 年，具体时间因品种和水温而定
（在凉水中时间更长）

破卵齿帮助雏鸭凿开蛋壳。小鸭出壳不久，破卵齿就会自行脱落。

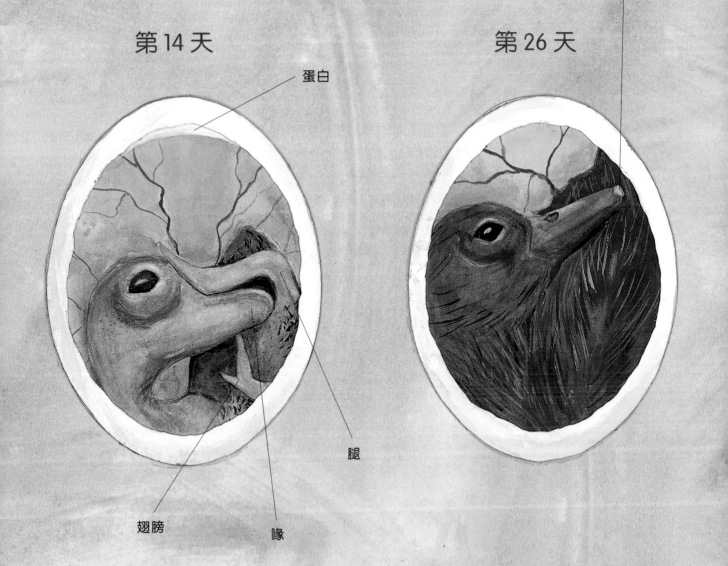

第 14 天

蛋白

翅膀

喙

腿

第 26 天